林 完次
天体写真家

星空の

夜空に秘められた物語を探す、
とっておきのヒント

歩き方

講談社

目次

お月さま、いくつ

ある夏の夕暮れ、若い母親におぶさって夕涼みをする幼子《おさなご》を見かけた。夕餉《ゆうげ》のしたくをする時間なのに、その子はぐずったのか、それとも父親の帰りを待っているのだろうか、西の空には三日月がかかっていた。

翌日も、その翌日も母子は夕涼みをしながら月を見上げていた。幼子は黙って夜空を見上げているだけ。

夏も終わり秋が深まるころ、母子の姿は見かけなくなった。いつしか私の記憶から消え去っていた。

冬の星、春の星を眺めるうちに、また夏がやってきた。夕暮れどき、蜩《ひぐらし》の鳴き声につられて外へ出ると、一年前の記憶がよみがえった。あの幼子が見違えるほど大きくなって、母親に手をひかれて夕涼みをしていたからだ。

散歩の途中だった私は、ゆっくりと二人の前を通り過ぎた。そのとき、かわいらしい声がした。

「のんのさま、いくちゅ?」

確かにそう聴こえた。

懐かしい言葉だった。のんのさま、ののさまは、神、仏、太陽、月のことをいう幼児語。私も月を見て言った記憶がある。

そのとき母親の声がした。が、角を曲がったためはっきり聴こえなかった。「のんのさまに聞いてみよ」だったような気もするが、「十三、七つ」と言ったような気もする。

私は思わず月を見上げて尋ねてみた。

「のんのさま、いくつ?」

夜の散歩

暮れなずむころ、少年は空を飛んだ。夕餉のしたくをする家々を空から眺めるため、ピーターパンさながらに。

軽やかに、ちょっと鼻を利かせながら空を飛ぶ。森の向こうの残照が、山並みを黒く浮かび上がらせている。

「今夜はカレーだね。あっ、お隣はクリームシチューだ」

少年の顔ときたら、それは楽しげでいきいき。

はっきり覚えていないが、こんな内容のテレビのCMを見たことがある。少年は明かりのもれるキッチンに近づきながら、「いい匂いだなあ」と言いたげな、幸せそうな顔をして空に飛び上がる。天からは夜が舞い降りてきて、ぬくもりのある家々をやさしく包み込んでいる。

東京のはずれの私鉄沿線の駅で電車を降り、商店街を通り抜け、写真屋さんの角を曲がると、この街には似合わないフランス料理店がある。窓にトリコロールの暖簾《のれん》がかかり、小さいけれどちょっとお洒落《しゃれ》。

夕暮れにここを通りかかると、いい匂いがする。するときまって、あの空を飛んでいる少年の顔を思い出す。

もしも本当に空を飛べたら、わが家は駅から西の方角なので、ときには三日月や宵《よい》の明星が見えるに違いないなどと他愛もないことを思ったり、ポツンと光る星を見つけ、わけもなく遠回りしながら帰ったりする。

家路

冬の夜

静かな冬の夜。珍しく降り続いた雪が止んだため、東京とは思えないほど夜空が冴《さ》えわたっている。

部屋の明かりを消し、ベランダに通じるドアを開ける。冷気が容赦《ようしゃ》なく入ってくる。ダウンジャケットを着て、首にマフラーを巻いて外へ出る。

クリスタルな匂い。夜空に並ぶ冬の星座を見上げ、ため息ともつかぬ白い息を吹きかける。

「さむっ」

期待と寒さでぞくぞくするが、マフラーを二重に巻き直し、ベランダから身を乗り出すようにして真上を見上げる。

「すごい！」

おうし座のヒヤデス星団がV字形に並び、そこから少し離れたところにすばるが遠慮がちにひとかたまりになっているのが見える。肉眼で六つの星が見えるから「六連星《むつらぼし》」といわれているが、ごちゃごちゃっと集まっているので「ごちゃごちゃぼし」とも。今夜のすばるは、ごちゃごちゃぼしがぴったり。

ベランダに寄りかかり、首と同時に目もぐるりと回す。

キラ星がたくさん目に入ってきた。黄色っぽいぎょしゃ座のカペラ、金と銀のふたご座のカストルとポルックス、白っぽいこいぬ座のプロキオン、青白いおおいぬ座のシリウス、それにオリオン座の星ぼしもはっきり見える。東京でこんなに星が見えるのは何年振りだろう。

オリオン座の三つ星をはさんで、赤みを帯びたベテルギウスと青白いリゲルの色の対比が鮮やかだ。

三つ星の下のオリオン大星雲も、微かだが肉眼で見える。首から下げた小さな双眼鏡を向けてみる。手持ちなので少し震えるが、視野の中に鳥が翼を広げたような星雲が広がった。

「やっほー」

意味はないけど、そんな気分。もちろん声は出さず、心の中で。

天体望遠鏡を持ち出して見るのは億劫《おっくう》、だけど星は見たい。そんなときにうってつけなのがベランダ・スターウォッチングだ。窓を開けるだけで、いつもと違った気分になれる。こんなお手軽な星見が気に入っている。

星の窓

原稿を執筆するとき、星座早見盤で星空を確認することがある。これは二枚の円盤が重なっていて、星座が描かれた下の盤の周囲には三百六十五日の日付、上の盤には星空の窓とその周囲には時刻が記されている。

希望する月日に上の盤の時刻を合わせると、窓にそのときの星空が現れる。天体観望会や星空を撮影するときなど重宝する代物だ。原稿を書く手を休め、ときどきクルクルッと、やっている。

子どものころ、こんなことを考えたことがある。もし、いま外の景色を眺めている自分の目の前の窓が大きな星座早見盤の窓だったら、なんてことを。

それは、ふつうの星座早見盤ではなく、自分が思った景色や星空が窓に現れるというもの。思った場所へ行けるドラえもんの「どこでもドア」とはちょっと違うけれど、そんな特別なもの。

真っ先に見たいのは窓いっぱいに広がった月。クレーターがはっきり見えるけど、あまりに大きすぎて、びっくり。

八重山《やえやま》諸島のコバルトブルーの海も見たいし、オーロラもいいなあ。でも、やっぱり一番見たいのは、日本の原風景が広がる場所から見上げる満天の星かな。

手元のボタンをクリックすれば、どんな場所でも星空でも見ることのできる星の窓。いまなぜか、こんなことを思い出してしまった。

クルクルッ、クルクルッ。

六本木へ行くことになった。

行き先は六本木ヒルズのけやき坂スタジオ。しかしその前に、近くの美術館で時間をとってしまったため、待ち合わせの時間まであとわずか。たまたま見かけた案内所に飛び込んだ。

「あのう、けやき坂スタジオへ行きたいのですが……」

「J-WAVEの放送をしているところですね。あそこは見学できませんけど」

「いいえ、見学ではないのですけれど……」

「スタジオはガラス張りになっていますが、中はあまりよく見えないと思いますよ。とりあえず場所をお教えいたしますね」

案内嬢はそう言って案内図を広げ、その場所に赤丸をつけてくれた。J-WAVEは確か西麻布にあったが、六本木に移ってからは来たことがなかったのである。

案内は的確だったので、迷わずスタジオへ到着した。相前後するように山田五郎さんとしょこたん（中川翔子さん）も到着。しばし歓談ののち本番スタート。その日は星がテーマのラジオ番組だったが、じつは、しょこたんが星好きということを知ったのはその数日前のこと。でも、しょこたんの星好きは本物であることがすぐにわかった。何しろ、こっちが話そうとすることを先回りして説明してくれるのだから。なんやかんやで三人で盛り上がり、山田五郎さんから一番印象に残った星空のことを聞かれたので、雨の富士山に登ったときのことを話した。

「スバルラインを車で上って五合目に着くと、そこは雨雲の上。天井には宝石のような星ぼし、眼下には街の明かりを受けて淡く光った雲海《うんかい》が広がり、幻想的な雰囲気を醸《かも》し出して……」

ここまで話をしたら、しょこたんは目を丸くして言った。

「すごーい、ファンタスチック！　すっぱらすぃほしぞらぁ。あたしなんか、もうそれだけで、どんぶり飯三杯はイケソー」

「ハハハ、どんぶり飯三杯ねぇ」

笑いながら、そう言う山田五郎さんと目が合い、こちらの目もまん丸に。

それから数日後、私はどんぶり飯の星空を求めて出かけて行った。

大波だ！
春のゆめ
月とたはむる
雲の波

朝もやの中を散歩するって、いいなあと思うけれど、朝より夕方に散歩することがシチサンで、いやハチニィで多い。それは夕陽が沈むのを見るのが好きだから。遠出して海の向こうに沈む夕陽を見ることもしばしば。

いつもの散歩道は街の中を南北に走る川沿いの道。川の両側に遊歩道があるので、ウォーキングやジョギングをする人を見かける。川には鯉《こい》が泳ぎ、野鳥も多い。橋を渡っていつものコースを進むと川幅が大きくなった広場に出る。

ここは犬の散歩をする人たちのちょっとした社交場になっていて、すれ違うときに申し訳なさそうに目を伏せるコーギーも世間話に花を咲かせている。大きな木には野鳥が群がり、先日はタイミングよくオナガのホバリングと水浴び、その翌日はカワセミがダイビングするところに出合った。カワセミ君はみごと小魚をとらえ、グリーンの翼もどこか誇らしげ。

清流

清流

——

35

この川は湧水が流れ込んでいるので澄んでいるが、そのわけはある日新聞を見て納得した。環境省が発表した「平成の名水百選」に、東京からはこの川と近くの湧水群が選ばれたとあったからだ。

都の緑地保全地域や公園などの湧水池のうち、ここの緑地保全地域内だけでも湧き出る水の量は一日に約一万トンに上り、環境省の絶滅危惧種に指定されているホトケドジョウが生息しているなど豊かな生態系が守られている。

数年前に越してきた私は、何も知らずにこの場所を散歩コースにしていたのである。そう思うと歩きなれた清流沿いの遊歩道が新鮮に感じられ、すれ違うコーギーの伏し目勝ちの顔も嬉しそう。あかね色の空にかかる三日月までニッコリマークの口のように見える。

雨、雨、雨。

近頃のゲリラ的に降る雨と違って、そぼ降る雨は都会の騒音をかき消してくれるようで、いつもと一味違う街並みを見せてくれる。丸三日も降り続いた雨が上がったので、澄んだ西の空に双眼鏡を向ける。

いる、いる。

黄昏《たそがれ》ゆく空に、きわめて淡い三日月が恥じらうように姿を見せ始めている。こういう光景を目の当たりにすると、いつもそわそわ。いつでもスタンバイできるようにした撮影機材の中から、とりあえずカメラと三脚を持って見晴らしのいい場所へ。

橋のたもとの絶好のポイントでカメラをセットし、三日月がはっきり見えるようになるまで待機。三日月の光は思いのほか弱いので、暮れなずむ空にくっきり見える時間はそれほど長くない。のんびりしているとシャッターチャンスを逃してしまうことになりかねない。

行き交う人たちは、カメラが上に向いているので空に目を向けたあと、ちらっとこちらを見て通り過ぎてゆく。三日月はまだ肉眼でははっきり見えないので、中には首をかしげていく人も。

そうして小一時間ほど空を眺めているうちにベストタイミングになりだした。カメラの絞りとシャッタースピードを決め、ファインダーを覗《のぞ》いてアングルを決める。ためしに二、三コマシャッターを切ってビューファインダーを覗く。「よし、これで決まり」。ひとり呟《つぶや》きながら、本番のシャッターを切り始めた。そのとき、月のまわりをせわしく動き回る黒い物体が目に入った。

コウモリだ。ちょうどいい撮影のタイミングだけど、仕方がない。コウモリの舞が収まるまで待つことにした。ところが乱舞は一向に収まる気配はなく、数は増えたような気さえする。

コウモリのことはよく知らないが、果実食のオオコウモリ類と虫食のヒナコウモリ類があって、いま飛んでいるのは、人家の屋根裏に群集する体長五センチほどのヒナコウモリ科のアブラコウモリ（イエコウモリ）か、または樹洞や岩穴に群集する体長七・三センチほどのキクガシラコウモリかもしれない。夜飛び出してガ、ハエ、カなどを捕食する。つまりいまは、お食事中なのだ。

そうはいっても、こちらもタイムリミットだし、コウモリさん、そこをどいてくださいとは言えず、とうとうしびれを切らしてシャッターを切り始めた。で、結局、出来上がった写真がこれ。動きの速いコウモリさんと三日月のツーショット。

この写真を見て、子どものころ「あーした天気になあれ」と言って下駄を空高く蹴り上げたことを思い出した。コウモリは下駄をめがけて急降下。夕暮れどき、バイバイするはずの友達と何度もそれを繰り返した。たしかコウモリが元気に飛べば晴れというのを聞いたことがある。

ということは、明日は晴れだ。

天空の海

南アルプスの山並みに夕闇が迫ってきた。

星が見えだした。

さそり座は山の端《は》近くに寝そべって秋の到来を告げ、その左手のいて座は、いまが盛りと目いっぱい明滅を繰り返している。

いて座の目印は南斗六星という六つの星。これが北斗七星に似て、赤ちゃんにミルクを飲ませるときのスプーンにそっくりだということで、ヨーロッパではミルクディパーと呼ばれている。若い女の子なら、これを見て「カワイー」って言うに違いない。

そう思って夜空を見ると、星のきらめきの中に離乳食を始めた嬉しそうな赤ちゃんの姿が浮かび上がる。

その南斗六星のσ星《シグマ》には、「海の始まるしるし」という意味のヌンキという名がつけられている。この名は、紀元前三千年以上も前のメソポタミア南部の最古の住民たちのシュメー

ル語に由来するといわれるらしく、口ずさむと長い時の流れを感じる。

そういえばσ星の左側の秋の星座には、いるか座、やぎ座(このやぎは下半身が魚、だからやぎざかな、ちがった、やぎさかな)、みずがめ座、みなみのうお座、うお座、くじら座といった、水に関する星座がずらりと並んでいる。

夜空に海を考えた古代人の想像力には驚かされるが、日本にも天空を海原に見立てた人がいる。三十六歌仙の一人、柿本《かきのもとの》人《ひと》麻《ま》呂《ろ》は、こんな歌を詠んでいる。

「天《あめ》の海に雲の波立ち月の船 星の林に漕《こ》ぎ隠る見ゆ」(万葉集巻七)

想像力を研ぎ澄ますと、夜空に海が広がってくるらしい。できることなら、金砂銀砂をまき散らしたような星の中を泳いでみたい。

夜の大飛行

天体観望会で夜空を見上げていると、星以外のものが見えることがある。

一番多いのは飛行機で、真正面に向かってくるときは、あたかも星が明るくなったように見えるので、初めて参加した人たちは夜空を指さしながら「超新星だ!」などと盛り上がる。ところが、しばらくして光が横に動きだし、正体が飛行機だとわかると「なーんだ」という声も聴こえるが、声ははずんでいる。人工衛星や花火なども、よく見かける。中には花火が好きな人もいて、遠慮がちに小さな声で「たまやー」「かぎやー」の掛け声が聴こえることも。

秋分の日が近づいたころに行った東京・五反田での天体観望会のとき、参加者の一人がいきなり大きな声を上げた。観望会に集まった人たちは何事かと、指さす方向を一斉に見上げた。

「どこ、どこ?」

「ほら、あそこ」

暗闇に声だけが飛び交うが、すぐに、はるか上空に何やら動く物体が見え、「おーっ」という声が響いた。かなりのスピードだ。

目が慣れると鳥の編隊であることがわかった。地上の明かりを受け、夜空に光って見える。最初に気づいた星仲間は「巨大なカモメのように見えました」と、興奮気味に話してくれた。このとき、数年前にも同じような経験をしたことを思い出した。

それは十月初めごろだった。時間もやはり午後七時ごろで、同じようにおおむね北から南へ飛んで行った。鳥の編隊は高度が低かったので、白鳥のような姿がはっきり見えた。すぐに野鳥に詳しい知人に尋ねたところ、沿岸近くの海上や大きな河口に生息するカワウではないかと教えてくれた。なんでも東京は、上野の不忍池《しのばずのいけ》が集団繁殖地として世界的に有名だとか。

野鳥図鑑を見るとカワウのシルエットは白鳥に似ている。そういえば、あのときも夏の大三角をかすめるように鳥の編隊が飛んで行った。もしかして一番驚いたのは、はくちょう座だったのかもしれない。

花に、パチリ

夜空を見上げる……、星が瞬《またた》く。ただそれだけのことなのに、ゆっくりとした時が流れる。ところが、ひとたびカメラを夜空に向けると、ゆっくりしたリズムは消えてしまい（といっても完全に消えてしまっているわけでなく、星に癒されつつ、パワーをもらっているのに、星の撮影に夢中になっているので、それに気づかないでいるだけのことといったほうが正しいかもしれない）、しきりにカメラのシャッターを切っている自分がそこにいる。

星のほかにも四季折々の自然の風景にも興味をもっている。昼間の撮影も行うが、これが夜の撮影に比べると（というか星を見ているときと同じように）、実にゆっくりとした時の流れを感じてしまう。

ひとコマの撮影は実にじっくり。とくに露出計のない中判カメラのときはそうで、被写体が決まると、三脚にカメラを取りつけてファインダーを覗きながら構図を決める。次に露出計を被写体に向け絞りを決め、併せてカメラのシャッタースピードもセットする。レリーズを使ってシャッターを切るが、太陽の光の当たり具合が気に入らないときは、そのときまで待つこともしばしば。

都内の公園で、六×六判のカメラで風景を撮影していたとき、構図を決めたあと、しばらく芝生に腰をおろし、太陽の光が斜めにさすときを待っていたことがあった。するとカメラのそばに小さなボールが転がってきたので、その方角に目をやると子どもが走ってきた。私がボールを拾って渡すと、かわいらしい声で「ア・リ・ガ・ト」と言ったが、子どもは立ち去ろうとしない。目はカメラに向いている。

「覗いてみる?」

そう声をかけたら、その子は目を丸くしてコックリとうなずいた。だが、紅葉《もみじ》のような手がいち早くカメラに伸び、三脚ごと倒れそうになった。

間一髪、辛《かろ》うじて私は手を伸ばしてカメラをキャッチしたので、セーフ。その子は、一瞬こわばった顔をしたが、私が笑ってピースをしたので、目が合うとニコリとして、改めてカメラのファインダーを覗きこんだ。なかなかの観察眼で、実際の景色と左右逆になっていることに気づき、母親が迎えに来るまでカメラから離れなかった。

子どもが帰ったあと、大きくなったら、あの子はカメラに興味をもってくれるかな、なんてことを思いながら花に向かって、パチリ。

ケータイに着信があった。

乗鞍《のりくら》で星を見るのだと言って出かけて行った星仲間のAさんからだった。時計の針は午後十時を指している。今ごろ連絡してくるということは、きっと降るような星空を独り占めしているからに違いない。すぐに折り返しの電話をするが、圏外でつながらない。とりあえずメールを送ることにした。快晴なら、カメラを担《かつ》いで動きまわっているかもしれない。

メールの返信が届いたのは翌日の夕方近くで、帰りのバスの中からだった。思ったとおり前夜の乗鞍は快晴で、夕焼けも朝焼けも美しく、天の川の中にカシオペアは埋もれ、どこまでも続く雲海に天国を感じたとあった。

ところが後日、星見旅行の詳細を聞いてびっくり。

あの日、Aさんが東京・新宿から乗鞍行きの経由地である平湯《ひらゆ》温泉行きのバスに乗ってほどなくして、畳平《たたみだいら》の宿から連絡が入ったという。なんでも前夜の降雪で路面が凍結し、スカイラインのバスが畳平まで入ってこないと。そればかりか宿の水まわりも凍っているため、お泊めできないと言われてしまったとか。

すでにバスに乗っているAさんは途中で降りるわけにいかず、さすがに焦ってしまい、乗鞍がだめなら上高地《かみこうち》にしようか穂高《ほたか》にしようか、それとも平湯温泉から畳平までタクシーにしようか、などなど考えていたため、バスでの仮眠は取れず悶々《もんもん》としていると、また宿から連絡が入り、「路面凍結が解除されました。どうぞお越しください」と。Aさんは思わず、バスの中で歓喜の声を上げてしまったらしい。

やっとの思いで宿に着き、夕食もそこそこに外に飛び出したAさんは、満天の星を思う存分楽しんだ。が、翌日、またしてもスカイラインの路面が凍結し、帰りの平湯温泉行きのバスが出るまで二時間も待たされてしまった。それでも星が見えたため、Aさんはいたってにこやかに楽しい旅行だったと話をしてくれた。

その二日後、今度は立山《たてやま》に出かけたKさんから連絡が入った。

「少しでも星に近づこうと室堂《むろどう》に来ましたが、雲海の中に入ってしまったため何も見えません」

その夜はやけ酒を飲んだかどうかは知らないが、いずれにしても星空の魅力にとりつかれた皆さんのパワーは、どこからくるのだろう。その話を聞くのを忘れてしまった。

ムーン・ウォーク

空から澄んだ声が聴こえてきた
いや、そんな気がした
わけもないのに嬉しくて
ほろ酔い気分のお月さま

サワワ、サワワ。ムーン……

中国を旅行してきた知人から星図を土産にいただいた。星図は、ひと言でいうなら星空の地図帳で、個々の恒星が等級別に記され、星雲や星団などが併記されている。たまたま調べ物をしていて、書棚から本を取り出したときに、この中国の星図が手元に落ち、うさぎ座が目にとまった。

中国の星空は独特で、星空の中心にある北極星が皇帝、そのまわりを皇族と重臣が取り巻き、生活に必要な台所や倉庫などのほかに、馬小屋、道、河、丘、酒屋の旗、天文台、関所、牢屋などが配置されている。

もちろんトイレだってある。うさぎの胴体にあたるα《アルファ》、β《ベータ》、γ《ガンマ》、δ《デルタ》の四つの星でつくる四辺形が厠《かわや》、すなわちトイレだ。もっともトイレといっても不浄な場所ではなく、古代中国では精霊のすむ神聖なところと考えたらしい。

で、その厠の右（西）は屏《へい》で、こちらはトイレの塀のこと。ちょうど、うさぎの頭のμ《ミュー》星と足元のε《イプシロン》星にあたるが、やはりこれは、なくてはならないもの。これがついてなければ誰だって落ち着かない。ついでといってはなんだけど、トイレといえば、もちろん用をたす。それもちゃんと星で表されている。言うまでもなく、こちらも古代中国では神聖なものと考えられていた。

トイレの話はこれくらいにして、扉の上にあるμ星から少し右（西）にあるR星に目を向けてみよう。じつはこの星、びっくりするくらい赤い星で知られている。

R星は四百二十七日の周期で、五・五等から一一・七等まで明るさを変える変光星で、一八四五年、イギリスのハインドが初めてこの星を見たといわれる。

彼は、あまりの赤さに「まるで、暗黒の視野の中にしたたり落ちる血のようだ」と驚きの声を上げたという。それでこの星を、ハインドのクリムズン・スター（深紅の星）と呼ぶようになったのだとか。

うさぎ座に星座絵を重ねると、この真っ赤な星はうさぎの目の位置からやや離れているが、この際、R星をうさぎの目玉にしてもいいのでは。

なにしろ宇宙を相手にしているので、少しくらいのずれは、気にしない、気にしない。

星の数

八ヶ岳山麓は、星が見たくなるとよく出かける場所の一つ。
東京からは中央自動車道で簡単に行けるので便利になったが、
その分、星の数が減ってしまった。
利便性をとるか環境をとるか、ようやく最近になって議論されるようになってきた。
星空を見ていると、いかに地球をいじめてきたかすぐにわかる。
昔、エジプト人は、空は高い山がささえ、
星ぼしは天井から糸でつるされていると考えた。
本当にそうなら、見えなくなった星たちを天井からつるせるのに。

カフェテラス

桜の便りが聞こえるころになると、吹く風も温かく感じられ、気持ちもウキウキしてくる。夜空ではちょうどそのころ、「美味しくないから食べないで!」と言いたげに、かに座が海蛇に追いかけられるようにして舞い上がる。

なぜ、このあたりをかに座にしたか。どうやらそれは明るい星もなく、ただただ暗く感じるところから、古代の人たちは海の底に潜む、かにを連想したらしい。

かに座を見上げると、ゴッホの「夜のカフェテラス」を思い浮かべることがある。寒色が多く使われた作品で、石を敷き詰めた通りに建つカフェテラスは大きなランプで明るく黄色く照らされ、やわらかで落ち着いた雰囲気を醸し出している。そして夜空には無数の星が大きく効果的に描かれている。

ゴッホの作品には、このほかにも「星月夜」や「ローヌ河畔の星空」など、星を描いたものがあるが、「夜のカフェテラス」を思い浮かべるのは、星の大先輩Yさんのひと言がきっかけ。

かにの甲羅《こうら》はγ、δ、η《エータ》、θ《シータ》の四つの星で描かれているが、その中心にプレセペ星団の名で親しまれている散開《さんかい》星団M四四がある。プレセペとはかいば桶のこと。γ星とδ星を二頭のロバに見立て、銀のかいば桶に顔を突っ込んで餌を食べる姿と見たからである。

以前Yさんと、洒落たカフェテラスのオーナーになったら屋号はどうしますか？と話したことがある。Yさんはすかさず、店の名は「プレセペですよ」と言ってニコリと笑った。ダンディーでスキーの名人だったYさんは、それから数年後、星になってしまった。

この星団は百個ほどの星が五一五光年の彼方でひとかたまりになっていて、双眼鏡を向けると素晴らしい光景を見ることができる。ガリレオが望遠鏡を向けるまでは星の集まりであることがわからず、ギリシャのヒッパルコスは「小さい雲」、アラトスは「小さい霧」と見ていた。また肉眼で青白く認められるところから、中国では鬼火の燐光に見立てて「積尸気《ししき》」と呼び、縁起の悪い星座として鬼宿と名づけたが、インドでは釈迦が生まれたとき月がここで輝いていたので縁起のよい星座としている。

見え方はさまざま。でも、プレセペ星団に双眼鏡を向けると、私にはYさんが笑顔で手を振っているように見える。

暮れなずむころ

「夕暮れは雲のはたてに物ぞ思ふ天つ空なる人を恋ふとて」(よみ人しらず・古今和歌集)

西の山に隠れようとしている夕陽や、薄墨を流したような山並みを見ると、乙女でなくとも物悲しくなったり人恋しくなったりするのはなぜだろうか。

日暮れとは、太陽が地平線の下七度二一分四〇秒になったときをいい、大気が澄んで周囲が暗ければ三、四等の星が見えてくる。『日本語大辞典』で「夕暮れ」を引くと、「日が沈みかかって暗くなること・時間。たそがれ。日暮れ」とある。

同じような言葉は思いのほか数多く、入相《いりあい》、夕べ、夕方、暮れ、暮れなずむ、夕さり、夕まし、夕刻、薄暮、夕間暮れなど、たくさん拾える。夕間暮れのまぐれは目暗《まぐれ》の意。そうかと思うと、禍は起きてほしくないが大禍時《おおまがとき》を転じた逢魔《おうま》が時というのもある。意味はたそがれのこと。

そのほかにも、星がすっかり出そろうまでのわずかな間に、夕明かり、残照、夕闇、宵、宵闇、宵月夜、夕月夜、春宵《しゅんしょう》などの言葉もある。

宵といえば夜の更けないころをいうが、「春宵一刻直千金、花に清香あり月に陰あり……」と、宋の詩人・蘇軾《そしょく》の「春夜《しゅんや》」を思い浮かべてしまう。それで、夕暮れどきは春と秋ではどちらがいいかを、つい考えてしまう。

うーん。いや、考えるまでもない。どちらもいいのだから。

北斗七星

星の名前には、「三つ星」「六連星《むつらぼし》」「七つ星」などのように、数で表したものが多々ある。三つ星はオリオン座、六連星はおうし座のプレアデス星団、七つ星はおおぐま座の北斗七星の和名である。

北斗七星に限ってみても、七つ星のほかにも「四三《しそう》の星」「四十暮《ぐ》れ」「七曜《しちよう》の星」などがある。四三の星とは、ひしゃくの形をした七つの星を枡《ます》の四星と柄の三星でサイコロの目に見立てたもの。

四十暮れは、四十を過ぎると視力が落ち、ひしゃくの柄から二番目のミザールとアルコルの二重星が見分けられなくなることをいった江戸時代の呼び名。

七曜の星は、日・月・五惑星（火星、水星、木星、金星、土星）から出た陰陽道・仏教による北斗七星の別名。

江戸中期、幕府の要職である老中を務めた田沼意次《たぬまおきつぐ》は、息子の意知《おきとも》とともに政権をほしいままにしたが、志が厚いか薄いかは賄賂《わいろ》の多寡《たか》ではっきりするという独特の哲学をもっていたという。

しかし徳川家斉《いえなり》が第十一代将軍になると失脚した。田沼家の家紋は七曜であったため、巷では「金とって　まつる北斗の七つ星　わが身の罪のあたる剣先」という戯《ざ》れ歌が現れたという。北斗七星の七番目の星を破軍星《はぐんせい》といい、ひしゃくの柄の先端にあるところから陰陽道では剣先に見立て万事に凶として避けた。北斗七星全体は七星剣《しちじょうけん》とか剣先星ともいう。

袖の下に関しては今も昔も変わりなしということ、か。

緑の閃光

見晴らしのよいところでポカンとするのが好きで、夕暮れになると刻々と沈んでいく太陽を飽きずに眺めたりする。特に意味はない。大きいなあとか、今日はずいぶん赤いねとか、ゆがんでいるねとか、他愛もないことを呟きながら、ただ眺めている。

でも一つだけ、ある期待を込めて見ている。グリーンフラッシュだ。日の出、日の入りの瞬間に見せる緑色の閃光《せんこう》のこと。

夕陽は昼間より大気を長く通過するので、波長の長い赤や橙《だいだい》より、波長の短い青や紫のほうが屈折して大きく浮き上がる。ところが、青や紫は散乱しやすいので届かないけれど、それよりは散乱せずに残った緑の光が屈折して浮かび上がって見えることがある。

グリーンフラッシュを見るには大気が澄んでいる場所で、水平線や地平線が見渡せることがポイント。しかし簡単には見ることができない。それだけに見た人は幸せになれるという伝説もある。

私が社会人一年生のころのことなので、ずいぶん前になるが、ある天文学会の総会が仙台であり、取材をかねて出席した。その折、火星や月面観測の第一人者であるS先生と話をする機会があった。気さくな先生は休憩の合間に、手招きをして私を外に連れ出した。ところが外へ出ても、先生は澄んだ青空をしきりに眺めるばかり。

いささか間があったので声を掛けてみた。すると先生は、「今日は金星の最大光輝でっしゃ

ろ」と言いかけたところで指をさしながら、「あった、あった。ほら、あそこに」。先生の指さした方向をつられて見上げると、小さな金星が青空の中にぽつんと光っている。初めて見る、昼間の金星だった。

話がグリーンフラッシュになると、先生はますます饒舌《じょうぜつ》になった。

「ある人から聞いた話なんやけど、夕暮れどきに船に乗ったら、波で揺れるたびに夕陽が山の端にかかったり離れたりしてましてな、そのたびにグリーンフラッシュが見えたというんや。ホンマかいな」

そう言って先生は、指を口元にやってから眉を撫《な》でるしぐさをした。私は目を丸くして話を聴いていたが、先生は私の緊張をほぐしてくださっていることがわかって、何よりそれが嬉しかった。そしていまだにグリーンフラッシュにはお目にかかっていない。

満ち欠け

満月は日没と同時に東の空に昇り始めるが、月齢の微妙な関係で日没前に丸い月が見えるときがある。太陽も月も同時に見えて、何となくハッピーな気持ちになる。

太陽と月の実際の大きさはまるで違うが、見かけの上ではほぼ同じ大きさに見えるのはなんとも面白い。東の地平線近くには、大きくてゆがんだ月。西の地平線近くにも大きくて、ゆがんだ太陽。天の神様も粋《いき》なはからいをしたものだ。

陰暦では満月の翌日、すなわち十六日の夜を十六夜《いざよい》といい、その夜に昇る月を十六夜の月と呼ぶ。これは満月より遅く、いざよい（ためらい）ながら昇るためといわれる。

十六夜の月は日没後、地球が一二度回転しなければ姿を現さない。地球は一時間で一五度回転するので、一二度はおよそ五十分に相当する。ところが実際には、地軸の傾きによって月の出にばらつきがあり、十六夜の月の出は前日より二十八分から七十八分くらいの範囲で遅くなり、大きく変化する。

十六夜の月を過ぎると月の出は日を追うごとにさらに遅くなるため、それにともなった名で呼ばれている。陰暦十七日の月は立待月《たちまちづき》、十八日は居待《いまち》月《づき》、十九日は寝待月《ねまちづき》、または臥待月《ふしまちづき》、二十日は更待月《ふけまちづき》である。

遅くなる月の出に合わせて月が欠けていく様子は、満ちる月と違い、失われていくものを眺めるような一抹の寂しさを感じる。

インドネシアには、月が欠けるのは蛇が時間をかけながら月を飲み込んでいるからだという伝説がある。蛇が月を飲み込んだまではいいが、あまりにまずいので月を吐き出してしまう。それもゆっくり時間をかけて。月が満ちていくのはそのためだといわれる。

旅先で撮るスナップと星の撮影の一番の違い、それはシャッタースピードだ。記念写真のときは、カメラを構え「はい、チーズ」と言ってシャッターを切れるけれど、星の場合はそうはいかない。

なにしろ星は暗いので、デジタルカメラの感度をアップし、明るいレンズを用いても、数十秒から一分くらいの露出をしなければならない。もちろん銀塩の場合も高感度フィルムを用いても同じこと。撮影目的によっては数十分から一時間以上も露出をしなければならない。

じつは、これだけ露出時間が長くなると、予想外なことが起きる。

それは夜露だ。ひどいときにはレンズにびっしりと水滴がつき、カメラのボディからしたたり落ちることも珍しくない。

一コマ撮影するたびにライトでレンズを照らし、夜露がついていないかを確認しなければならないが、それでも夜露の激しい夜はすぐに水滴がつき、そのままカメラのファインダーを覗くと暗いはずの夜空が白っぽくなり、星がにじんで見えることも珍しくない。

汗びっしょりのようなカメラを見ると、「よっ、ごくろうさん」と声をかけたくなるけれど、夜露はつかないことがベスト。

夜露対策として簡単なのは、カイロをレンズの下に輪ゴムで取りつける方法。これが思いのほか有効だ。レンズフードの中にニクロム線を巻き、バッテリーで温める方法もあるが、いずれにしても冬の撮影では、撮影者だって寒さとの闘いになるのに、レンズだけは常にヌクヌクさせなければならないのが、ちょっとばかりつらいところ。

しし座流星群

春を代表するしし座の目印といえば、クエスチョンマークを裏返しにしたような星の並び。草を刈るときの鎌の形に似ているので「獅子の大鎌」と呼ばれている。

これを見ると、二〇〇一年十一月十九日のしし座流星群を思い出す。それは獅子の大鎌の中ほどのγ星がこの流星群の輻射点《ふくしゃてん》（放射点）になっているからだ。私の撮影ノートの隅っこに、こんな走り書きが……。

「十一月十八日、夕暮れになっても空は厚い雲に覆われている。二十二時を過ぎ、雲の切れ目からようやく星が見えだす。雲の流れが速く、しばらくするとさらに雲は切れ、二十二時十六分、東の森から天頂を通り、西の空へきわめて長い（一四〇～一五〇度）流星出現。音、聴こえる。流星の本体も見えたような気がした。まるでジャンボ機のような大流星だ！」

「二十四時一分、先ほどの大流星に似た大きな流星が続けて飛ぶ。二つなので、すごい！すごい！」

「二十五時ごろから流星の数、増す。今日の里美村は富士見高原より暗い。しかし今夜の流星群を見ようと、驚くほど多くの人たちが鄙《ひな》びた里まで押し掛けてきた。車のライトの数もすごい」

「二十六時から二十八時の流星は、ただただ驚くばかり。数個の流星が飛ぶと、数秒から十秒ほどの間に続けて同じ方向に流星がまとまって飛ぶ。カメラをどこに向けたらいいのか迷うほど。まさに流星雨だ」

「ピークは二十七時二十分ごろ。夜明けが近づき、星がまったく消えてしまっても、空のあちこちでピカリと光って見えている。三十時三十分、観測終了。気がつくと自分ひとり。車も人影も嘘のように消えていた」

メモを見ると、自分でもあきれるほど乱雑な文字が躍っている。それがよけい興奮を伝えている。この日の流星群は、ピーク時一時間あたり五千個の流星が飛んだことが、新聞に掲載されていた。

あれから何年も経つが、撮影済みのポジを見ると、その夜の情景が浮かび上がる。できれば、またこの感動を味わってみたい。

しし座流星群

迷回答

水平線でもビルの谷間でも、昇りたての満月は天頂付近にやってきた満月と比べると大きい。目の錯覚ということがわかっていても、やっぱり大きい。

これを確かめる二つの簡単な方法がある。一つは、昇りたての満月と天頂付近にきた満月を、腕をいっぱいに伸ばして五円玉の穴から覗いて見る方法。もう一つは、同じカメラで昇りたての満月と天頂付近の満月を撮影してみる方法だ。どちらの満月も同じ大きさであることがわかる。

月の視直径は約三二分で、昇りたてのときも天頂にきたときもこの値に変わりはない。では、なぜ昇りたての満月が大きく感じるのか。

これに関しては諸説があって簡単には説明できないが、天球を見上げたとき、天頂方向と地平方向は同じ距離のはずなのに、人間の目は天頂方向より、地平方向のほうが遠方にあるように感じているかららしい。

プラネタリウムを見にきた子どもたちにこの話をすると、自宅のマンションから見たことがあるという小学一年生くらいの男の子が、その理由は知っていると言って元気に答えてくれた。

「あのね、えーとね、昇ってくるときの満月が大きく見えるのはね、月がほっぺをふくらますからです」

これ以上の回答は、いまだに現れない。

アンドロメダ座

秋の星空を代表するアンドロメダ座といえば、誰しも思い浮かべるのがアンドロメダ銀河（M三一）だろう。私たちからは二三〇万光年の彼方にあるお隣の渦巻銀河で、大気の澄んだ夜は肉眼でも淡く見ることができる。

アンドロメダ銀河は私たちの銀河系より一回り大きく、見かけの直径も満月を二列に六個ずつ並べた大きさがあるので、双眼鏡や小型の望遠鏡でもはっきり見ることができ、星好きの間では人気がある。

しかし私は、アンドロメダ座というと古代エチオピアのアンドロメダ姫の頭にあたるα星を思い浮かべてしまう。この星の固有名はアルフェラッツで、アラビア語のアル・スラト・アル・フェラス（馬のへそ）からきたもの。つまり、アンドロメダ姫の頭は馬のへそということなのだ。かわいそうで、笑うに笑えない。いや、笑うときもあるかも、たまにだけど。

お姫様の頭の星が、なぜ馬のへそなのかというと、このα星は二十世紀初めまでペガスス座と共用されていて、ちょうど天馬のへその位置にあたっていたため、この名がついてしまったのだ。

もっともこの星には、アル・ラス・アル・マラー・アル・ムサルサラー（鎖につながれた女の頭）というアラビア名はあるのだが、今日では忘れられてしまった。馬のへそのほうがインパクトはあるし覚えやすいからだろう。

ところで、アンドロメダ座の上半身付近を中国の星座名で奎宿《けいしゅく》と呼ぶ。奎とは豚を意味し、アンドロメダ姫の上半身の星ぼしをつなぐと豚の姿になる。

お姫様の頭を馬のへそと言ったり、豚と言ったり、トンでもない。

星のささやき

しばらく星を見る機会がないと、あの瞬きをどうしても見たくなるときがある。まるで愛しい人に会いたくなるような、いや、似ているようだけど違う。もっとクリスタルのように澄んで透明感のある気持ちといったほうがいいかもしれない。しかし胸をときめかされるのはどちらも同じだ。

大げさに言うとそんなところだけれど、平たく言えばちょっと星が見たくなっただけのこと。

そういうわけで晩秋の晴れた日、富士五湖の一つ、河口湖に向かった。半分ほど雪化粧した富士山を見ながら、夕暮れ前に湖のほとりに到着。

連休前の平日ということで思いのほか人影もまばらで閑散としている。この日の河口湖は北風がやや強く、必死にしがみついていた紅葉が、カサカサと音を立てながら舞い散っていく。木の葉雨という美しい日本語を思い出す。

日が沈むと湖畔の宿に照明が灯り、夕焼けで周囲が赤く染まりだした。漆黒になる前の深みのある群青の空とのコントラストが美しい。

落ち葉を踏みしめながら散策するうちに、あかね色の西空に宵の明星が輝きだした。日没時の金星の高度はさほどではないので輝きも控えめだが、それでも光度はマイナス四等級なので、もちろん一番星だ。

しばらくすると木星も姿を現した。金星と木星は落ち着いた光を放っている。点光源の恒星と違って近距離にある惑星は瞬かない。時折、薄雲が通り過ぎていく。

工事中なのだろうか、通行止めの河口湖大橋にもオレンジの照明が灯りだした。目を凝らすと橋の向こうの山の端に星が見える。しかもしきりに瞬いている。わずかな星しか見えないが、すぐに下方通過中の北斗七星であることがわかった。高度が低いうえ北風も吹いているので激しく明滅している。まるでささやきかけてくるように。

これこれ、今日はこの瞬きが見たかったのだ。小一時間ほどすると雲の流れが激しくなり、星の光がにじんできた。今宵の星見は、これでオ・ワ・リ。ほうとうでも食べて帰ろうかな。

お疲れさま

クリスマスが近づいたある晩、コンサートに出かけた。冬の日の特徴で快晴続きだったのに、この日だけ、ねらい澄ましたように雨。おまけに風も強く、ちょっとしたミニミニ台風だ。月に一度の星の会の集まりのときも雨になることが多く、メンバーの中に雨男か雨女がいるのではと話題になったことがあるが、このときばかりは雨男は自分だと思ってしまった。ぬれ鼠のようになって会場に到着したが、チェロ四重奏によるシャコンヌ、G線上のアリアなどの演奏は素晴らしく、気分はすっかりピーカンに。それとチェリストたちのコメントも妙に受けてしまった。

四人のうちの一人がこんなことを話してくれた。ベートーベンの第九を演奏するとき、気分は楽なのだそうである。今年の仕事もこれで終わるから。大変なのは演奏続きで疲れがたまる十月、十一月のころとか。で、演奏が終わって帰宅し、マンションのエレベーターに乗るところまではいつも通りだったが、ここで気持ちがゆるんでしまった。なんと降りるときに無意識に靴を脱いでしまったのである。気づいたときは時遅し、エレベーターのドアは閉まり靴だけ階下へ。さすがにこのときは疲れを実感したらしい。

この話を聴かされたとき、妙に親近感を覚えてしまった。じつは、私にもこんな経験があったからである。三日続けて夜通し星の撮影をし、疲労がピークに達していたが、昼間の風景写真なので気軽にカメラのシャッターを切っていた。ここまではよかった。ところが帰宅し、カメラをチェックしたときフィルムが入っていないことに気づいた。そのとたん、どっと疲れを感じてしまったのである。

コンサートの後のワインがきいたのか、ほろ酔い気分の帰り道、雨は上がって東京とは思えないほど夜空は冴えわたり、星の瞬きが美しい。天頂付近の雲の切れ目から、天から覗く大きな目のようにふたご座のカストルとポルックスが金と銀の光を放っている。ゲルマン民族の間では、四・五度の間隔で並ぶ二つの星を巨人の目に見立てていたことを思い出し、チェリストを思い出しながら天の目に向かって、ひと言。

お疲れさま。

お気に入りベストファイブに入るのが、すばる。

冬の澄んだ夜空を見上げると、おうし座の片隅で六つほどの星が寄り添うようにひとかたまりになって見える。清少納言《せいしょうなごん》みたい、と言われそうだけど、実際にご覧になれば美しさがわかるはず。

すばるは日本の古くからの名称で、すまるとも。星が一か所に統《す》べ集まる意味といわれ、古くから農業や漁労に携わる人たちの間で季節の目印に使われてきた。一般的にはプレアデス星団と呼ばれ、四一〇光年の距離にある散開星団で、高温の星が百二十個集まっている。年齢は五千万歳だ。すごく年を取っているように聞こえるけれど、天文学的にはまだ生まれたばかりで、星団全体が淡い星雲に包まれている。

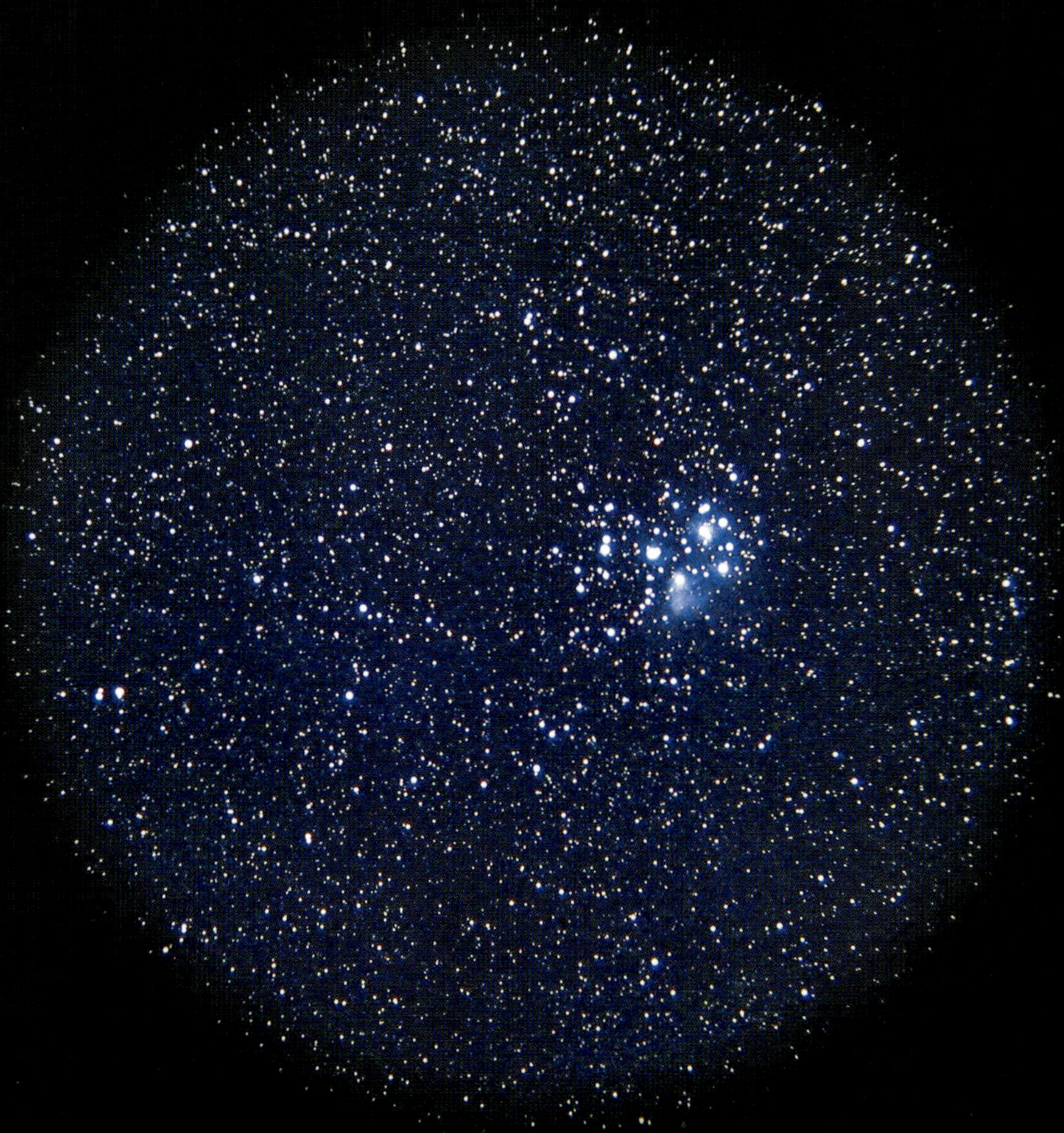

初めてこの星の群れに双眼鏡を向けたときの光景は、今でも忘れられない。視野いっぱいに広がった無数の星たちが、あたかも息づくかのように明滅し、思わず感動の声を上げてしまった。

すばるの魅力は双眼鏡に限ると思っていたが、最近は微妙に変化が出てきた。眺めるのは湖のほとりでも、山あいの温泉場でもどこでもよく、景色とともにすばるを見ること。天頂近くに見えるすばるは、小さくまとまってどこか愛らしいし、西の山に入るときは寂しげで憂いを秘め、これがまた、たまらなくいいのだ。

お気に入りはいろいろあるが、とくに好きなのが東の山の向こうに昇り始めたとき。冬の到来を告げるかのようにピーンと張りつめた冷気の中に姿を現すと、「やあ、お久しぶり」と声をかけたくなってしまう。

肉眼で見るのが一番なんて、なんだか、また清少納言みたいと言われそう。

カメラも凍る

肌で感じる寒さというのは、そのときの場所や状態でずいぶん違う。

スキー場でマイナス五度くらいは何ともないのに、東京で氷が張るくらいの気温だととても寒く感じる、例のあれ。

いままで経験した中で二番目に寒かったのは、アラスカ空港でフェアバンクス行きの飛行機に乗り換えたとき。気温は何度かわからなかったが、深夜の乗り換えだったので、眠気を催《もよお》しているときにタラップを降ろされ、そこから数十メートル離れた飛行機に乗り換えるのに、バリバリに冷え切った飛行場を歩かされたものだから、眠気はいっぺんに吹っ飛んでしまった。

一番寒かったのは、そのフェアバンクスに到着し、空港の外へ出たときだった。飛行機の中で再び温まっていたせいもあり、自動ドアが開いたときは、思わず「うっ」と、小さな声が出たまま息ができないほど。迎えの運転手さんは華氏を摂氏に直してくれて「いまの気温はマイナス三八度です」と教えてくれた。空港内は二五度くらいだったので、気温差は六〇度以上。思い出しただけでも寒くなる。

こんなことも。

長野県の野辺山《のべやま》で星の撮影をしていたときのこと。降るような星空だったので、気合いを入れて三時間露光を開始した。その間、望遠鏡を覗いたり暖をとったりを繰り返し、時間がきたのでシャッターを閉じようとしたら、カメラが凍りついてしまって閉じなくなってしまった。手もとの寒暖計はマイナス二〇度。私よりカメラが寒さを感じてしまったのだ。

寒さもいろいろ。

もしかすると一番寒いのは大寒のころ、仕事を終え、すきっ腹で駅を出て、コートの襟《えり》を立てながら足早に家に向かって歩いているときかもしれない。

ずるずるのオリオン座

おうし座のすばる、オリオン座の三つ星は冬を代表する星。

冬の訪れを告げるかのように、ともに東の空に姿を現すが、すばるが東の地平線に姿を現してから、何時間後にオリオン座の三つ星が姿を現すのか、ためしに星座早見盤を回してみた。

クルクルやって驚いた。すばるとオリオン座の三つ星が、それぞれ東の地平線に現れるときの時間差は、東京でざっと三時間三十分もあるのだ。星図を見ればすぐにわかることだが、この二つは冬の風物詩としていつもセットになっているので、これだけの時間の差があるとはあまり考えたことがなかった。

冬空の王者と呼ばれるオリオン座の三つ星が東の空に姿を現すときは、襟を正すかのように、ほとんど地平線に垂直になっている。これが実にカッコイイ。

また沈むときの三つ星はほぼ横に水平になり、これまた別れの雰囲気を漂わせている。三つ星の右端のδ星がほぼ天の赤道に位置しているので、三つ星は真東から昇って真西に沈む。プラネタリウムで丸天井に天の赤道を現すとよくわかるし、北半球の中緯度にある日本の位置もよくわかる。

もしも、星空を見上げる地点が南北の両極点や赤道直下だとどうなるか。

仮に北極点としてみよう。するとオリオン座は三つ星より上の部分、すなわち星座の北側だけしか見ることができないことになる。ということは地平線を這《は》うように移動することになる。

そういえば緯度が東京よりざっと三〇度高いアラスカのフェアバンクスでは、地を這うほどではなかったが、オリオン座がやけに低く見えたのを思い出した。このときの印象を一言でいうなら、ずるずるのオリオン座だ。

ずるずるのイメージから長袴《ながばかま》の裾《すそ》を引きずるような格好を思い浮かべたが、オリオンは海の神ポセイドンの息子なので、海の上も陸の上と同じように歩くことができる。つまり、この動きは海の上を歩いているときと見たほうがふさわしい気がする。

ということは、ずるずるでなく、スイスイ……か。

オリオン座の三つ星を結んで左下に延ばすと、おおいぬ座のシリウスに届く。この星はとびきり明るいので、三つ星からたどらなくても簡単に見つけることができる。日本では「大星」とか「青星」の呼び名があるが、冬の風の強い夜、せわしく瞬いて色を変えるところから「絵の具星」という呼び名もある。

夜通し星の撮影をしていると、寒さで涙目になることがある。そんなときにシリウスを眺めると、ネオンサインみたいに赤や青や黄といった色が次々に見えて、どれが本当の色かわからなくなってしまう。まさに絵の具星だ。

都内で毎月一回行っている天体観望会で、涙目と絵の具星の話をしたことがあるが、八ヶ岳山麓と比べると東京は暖かいので涙目にはならず、おまけに風も吹いていないためシリウスが虹色に見えた人はいなかった。

そこで思いついたのが、シリウスのすぐ下（南）にあるM四一という散開星団だった。この星の群れは二四七〇光年の距離に五十個の星が集まっていて、明るさは五等級。八ヶ岳山麓では肉眼でも存在がわかり、双眼鏡を向ければ個々の星が見えだすが、東京では難物で、双眼鏡はおろか、口径一〇センチの望遠鏡でもダメ、口径二〇センチになって、ようやく確認ができるありさま。

それだけに東京の劣悪な環境にもめげず、小さな星ぼしが寄り添うように集まって瞬いているようすは感動もの。

早速、天体観望会に集まっている皆さんにも見てもらったところ、暗闇から溜息と歓声が聞こえてきた。おまけに期待したとおりの言葉も返ってきた。M四一はシリウスのすぐ真下にあるため、「シリウスの涙みたい」と。

やったね。

満月になると、月見月でなくてもウキウキしてくる。

まじまじと満月の濃淡の模様を見ると、おなじみの兎の餅つきがよくわかる。この模様は中国では蟹だったり、ヨーロッパでは女の人の顔だったり。そうかと思うとコーカサス地方では、昼近くになっても起きてこない月の坊やに、お母さんが怒ってパンをこねた白い手で、ついパチンとやってしまった。月の模様はこうしてできたのだとか。

月面の模様さがしも面白いが、三日月を眉や剣に見立てて「月の眉」とか「月の剣」という、形からくる呼び名も興味深い。満月の翌々日、Aさんから「猫の目が見えています」というメールが届いた。

「猫の目?」

メールの続きを読むと立待月のことだとわかった。まん丸でなく、十六夜の月より少し欠けた月。

本当に猫の目に見えるかな、と思いつつ、窓越しに東の空に目を向ける。が、月の姿は見つからない。もしかすると、猫の目だったのは私のほうかもしれない。

だが、それもつかの間、かなり低いが、家並みの間から昇り始めた立待月が赤銅色に鈍い光を放っているのが見えた。

「なるほど」

猫の目の立待月を見て、思わず納得してしまった。

その数日後、Aさんが月齢二十六、七の有明の月を「空に浮かんだ赤ちゃんのつめ」と表現していることを知った。赤ちゃんのつめは、薄くて小さいのに、猫のつめのようにスッと切れ味がよいことをいったもの。

このころの月は朝日を受け、空の青さに消え入るばかりだが、やさしく愛らしい光を放っている。母親の愛情が伝わる素敵な呼び名だ。

長い夜

冬至のころに星を見に出かけると、つくづく夜の長さを実感する。

十二月二十一日前後の日の入りの時刻は場所によって異なるが、東京近郊ではおおむね十六時三十分で、日の出は六時四十五分ごろ。もちろん薄明があるため、日の入りとともにすぐに暗くなるわけではないし、日の出も同様に直前まで暗いわけではないが、星の見えている時間は長い。

冬至の日、十八時になると薄明は終了し、天から舞い降りるかのように星が出そろう。北の空を見上げると北極星の上方にカシオペア座が高くかかり、北斗七星は下方経過中で真北の地平線に見え隠れしている。頭上には天馬をかたどったペガスス座がかかり、南の空にはみなみのうお座のフォーマルハウトと、ちょうこくしつ座が並ぶ。西の空に目を移すと、こと座のベガ、わし座のアルタイル、はくちょう座のデネブが夏の大三角を描きながら沈もうとしている。

二十一時になるとカシオペア座は北北西に移動し、北斗七星は北北東の空に姿を現す。北の空高くペルセウス座が昇り、南の空には長い川をかたどったエリダヌス座が地平線の下まで続いている。おうし座はすでに高く、オリオン座も南東の空に続いている。

午前零時。高原の深夜はさすがに静まり返り、聴こえるのは風の音だけ。寒さが身体の奥までしみ込んでくる。北の空では北極星を中心に北西にカシオペア座、北東に北斗七星が並び、早春の星空が昇り出した。北の空にはなじみの薄いきりん座がかかり、南の空はオリオン座、こいぬ座、おおいぬ座といった冬の星座のオンパレード。

午前五時。夜明け前の寒さは厳しい。北の空ではカシオペア座が地平線近く低くなり、代わって北斗七星が北極星の上でこいのぼりさながらに翻《ひるがえ》る。南の空にはしし座、うみへび座がかかり、おとめ座やうしかい座が続いている。

午前六時近くになると薄明で星が消えていくが、東の空にはさそり座のアンタレスがちらりと姿を現した。

北斗七星を時計の針に見立てると、大きな星時計になる。冬至の夜、北斗の星時計はぐるりと半回転。

ああ、長い夜がやっと明けた。

あとがき

夕暮れの空に一番星が光り、やがて漆黒《しっこく》の闇が天から舞い降りると、無数の星が瞬き始めます。

星の写真を撮影するときは大気の澄んだ高原などに出かけ、こうした満天の星と対峙《たいじ》しますが、いつもそうした環境で星を見ているわけではありません。どちらかといえば、星がよく見えない東京で夜空を見上げることのほうが多いのです。

東京は光があふれているというイメージが強いのですが、雨あがりの夜などは思いのほか星が見えてびっくりするときがあります。そうした夜は、肉眼や双眼鏡などで星空を楽しんでいます。それもかなり手抜きの方法で。

昼間の空を楽しむこともあります。上弦《じょうげん》を過ぎるころになると、陽があるうちから月が見えるようになります。青空の中に遠慮がちに光っていますが、まるで照れ屋の友人に会ったようで、つい嬉しくなって双眼鏡を向けるときがあります。

よく使う双眼鏡は倍率五倍の、手のひらに収まる小さなものですが、それでも太陽に照らされている部分と影の部分の明暗境界線付近のクレーターが見えます。月を見るなら夜になってからのほうが条件はよくなりますが、昼間の金星ウォッチングを兼ねて月の表情を見るのも面白いものです。

以前、こんなことがありました。いつもなら、ちょっと見のムーン・ウォッチングで終わってしまうのですが、その日はもっと月を見たくなり、小型の天体望遠鏡を持ち出して昼の月に向けました。上弦の月なので、欠け際《ぎわ》付近にはレギオモンタヌス、アルフォンスス、プトレマイオスといったクレーターが南北に並んでいます。

望遠鏡を覗きこんでいると、背後に気配を感じました。振り返ると近所で時折見かける少年でした。

「見る?」と声をかけると、少年は嬉々として望遠鏡を覗きこみました。

「わっ、すげーっ。チョーよく見える」

少年は矢継ぎ早に質問してきました。答えるのが難しいくらいのものもありましたが、質問がなくなると、やおら野球帽を取り「ありがとうございました」と言って頭をペコリと下げ、帰ってゆきました。

私は月よりいいものを見た気がしました。

本書は、このように星を見ながら身近に起きたことを写真とともにエッセイに書き起こしたものです。季節の移《うつ》ろいに見せる月や星の美しさ、星が好きな人たちとの触れあいなど、紙面から読み取っていただければ、これに勝る喜びはありません。

本書を出版するにあたり、丸木明博氏、新見あずさ氏に大変お世話になりました。この場をお借りして御礼申し上げます。

平成二十一年七月の皆既日食前に

林《はやし》 完次《かんじ》

林 完次 はやし・かんじ

一九四五年、東京都に生まれる。明治大学法学部を卒業。天体写真家。天体に風景を取り込んだ独自の視点での作品を発表し続けるほか、天体観賞や星空についての執筆、ラジオ出演など、多岐にわたる活動を行う。

著書には『宙《そら》の名前』『月の本』『星をさがす本』（以上、角川書店）、『宙《そら》の旅』（小学館）、『天の羊』（中央公論新社）、『宇宙・星座大図鑑―上・下』『天体観測のすすめ』（以上、講談社）など、多数。

星空《ほしぞら》の歩《ある》き方《かた》

夜空《よぞら》に秘《ひ》められた物語《ものがたり》を探《さが》す、とっておきのヒント

二〇〇九年八月二七日 第一刷発行

著者 林完次《はやしかんじ》

発行者 鈴木哲

発行所 株式会社講談社

〒一一二-八〇〇一 東京都文京区音羽二-一二-二一

電話 編集 〇三-五三九五-三五三二 販売 〇三-五三九五-三六二二

業務 〇三-五三九五-三六一五

ブックデザイン アルビレオ

印刷 大日本印刷株式会社

製本 大口製本株式会社

定価はカバーに表示してあります。

ISBN978-4-06-215691-2

講談社の好評既刊

五感で発見した「秘密の信州」

増村征夫＝著

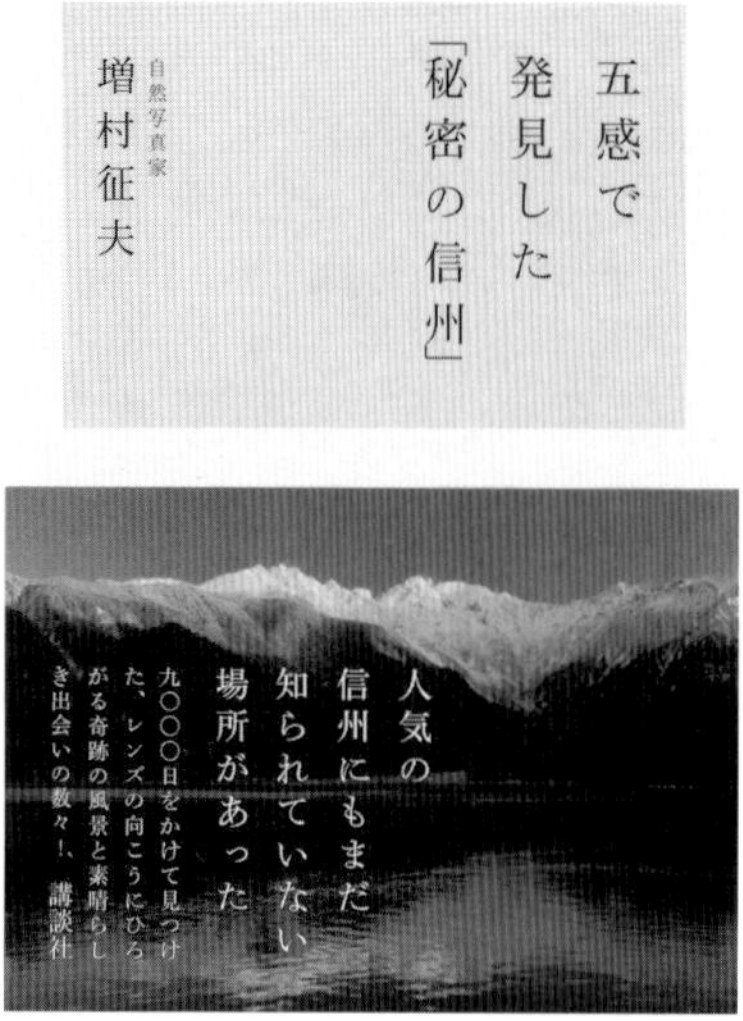

知っているようで
まだ知られていない
信州の壮大な〝素顔〟

九〇〇〇日をかけて見つけた、レンズの向こうに広がる奇跡の風景と素晴らしき出会いの数々。信州に移住した一人のカメラマンが、ガイドブックにない絶景を案内

定価：一五七五円　講談社

定価は税込み（5％）です。定価は変更することがあります。

東京「夜」散歩

中野純＝著

奇所、名所、懐所の「暗闇伝説」

奇々怪々な穴場を網羅
「未知の東京」は
すぐそこにある！

本所七不思議から表参道の街灯、
多摩湖畔のおとぎの森まで、
古今おり交ぜた「東京の暗闇めぐり」。
摩訶不思議な現代の新名所は、
体験したくなるものばかり！